EPITHELIOMA DE LA LANGUE

CONSÉCUTIF A UN PSORIASIS LINGUAL

Amputation au moyen du thermo-cautère
et de l'écraseur linéaire combinés

PAR LE Dr V. FAUCON,

Professeur de Médecine opératoire à la Faculté libre de Médecine de Lille.

LILLE,

AU BUREAU DU *JOURNAL DES SCIENCES MÉDICALES,*

56, RUE DU PORT.

1887.

ÉPITHÉLIOMA DE LA LANGUE

CONSÉCUTIF A UN PSORIASIS LINGUAL

Amputation au moyen du thermo-cautère et de l'écraseur linéaire combinés [1]

PAR LE Dr V. FAUCON.

Professeur de Médecine opératoire à la Faculté libre de Médecine de Lille.

Le sujet qui fait l'objet de cette communication est un homme de 62 ans, de constitution robuste, grand fumeur, ayant toujours joui d'une excellente santé et ne présentant d'autres antécédents particuliers que l'existence, depuis plus de vingt ans, d'un psoriasis lingual, invétéré, mais qui ne l'avait nullement incommodé jusqu'au mois de janvier 1886. A cette époque, il remarqua, sur la partie latérale gauche de la langue, l'existence d'une saillie légèrement rougeâtre qui déterminait, depuis quelque temps, une certaine gêne dans les mouvements de l'organe et devint bientôt le siège de douleurs lancinantes et passagères.

Ce malade me fut adressé au mois d'avril dernier par notre collègue, M. Redier, qui le voyait alors pour la première fois. Il présentait à cette époque, au niveau du 1/3 moyen de la portion latérale gauche de la langue, une induration un peu

(1) Communication à la Société des Sciences Médicales de Lille. — Février 1887.

plus large qu'une pièce de un franc, douloureuse spontanément et au toucher, ne dépassant pas la ligne médiane, envahissant le bord libre correspondant de l'organe, mais sans propagation vers le plancher de la bouche ; le centre en était légèrement excavé et les bords hérissés de petites saillies végétantes. Bref, cette tumeur présentait tous les caractères du cancroïde lingual. Je constatai de plus, dans la région de la glande sous-maxillaire, un peu en dehors et en arrière de celle-ci, la présence d'un ganglion du volume d'une noisette.

Une intervention chirurgicale me parut indiquée, et l'opération, proposée et acceptée, fut pratiquée quelques jours après.

Le malade étant chloroformé, je procédai d'abord à l'énucléation du ganglion, puis les mâchoires étant maintenues écartées au moyen de l'ouvre-bouche de Larrey et la langue attirée au dehors avec des pinces à érignes, la portion malade fut isolée des parties saines, du côté de la ligne médiane et du plancher buccal, à l'aide du thermo-cautère. Je constituais, de cette manière, un lambeau ou espèce de pyramide à base postérieure, laquelle fut étreinte, aussi en arrière que possible, des limites du néoplasme, par une anse d'écraseur linéaire ; celui-ci ne fut manœuvré qu'à raison d'un demi-pas à la minute. La section fut opérée en 17 minutes, le malade ayant été maintenu sous le chloroforme jusqu'à la fin de l'opération. En raison de la lenteur avec laquelle l'instrument fonctionna, la plaie était absolument exsangue. Les suites opératoires furent des plus simples, grâce à des irrigations et pulvérisations intra-buccales boriquées, fréquemment répétées ; au bout de trois semaines, l'opéré, employé supérieur de l'Administration, reprenait son service.

Trois mois à peine s'étaient écoulés que la récidive se faisait du côté de la langue où l'on sentait, en arrière de la cicatrice consécutive à la plaie opératoire, un noyau du volume d'un pois, très douloureux au toucher et spontanément, avec irradiations vers l'oreille du même côté.

Je constatais en même temps un nouveau ganglion dégénéré en avant, cette fois, de la glande sous-maxillaire, et une autre masse de même nature, de la grosseur d'une noix, au niveau du 1/3 inférieur de la région carotidienne, mobile sur les plans profonds et recouverte par le sterno-mastoïdien. Cette récidive était récente assurément, car j'avais suivi l'opéré d'une manière attentive et régulière, et lors du dernier examen remontant à peine à trois semaines, je n'avais encore constaté rien d'anormal.

La rapidité avec laquelle s'était produit la repullulation du néoplasme du côté de la langue, et l'apparition de nouveaux ganglions dégénérés, d'autre part, jusque dans la région caro-tidienne, étaient de bien mauvais augure et n'étaient guère encourageants au point de vue d'une seconde interven-tion. L'opéré cependant y était décidé, et notre collègue, M. Duret, qui voulut bien le voir en consultation avec moi, fût aussi d'avis qu'une nouvelle tentative opératoire pouvait être faite avec des chances sérieuses de prolonger l'existence. Quoique la dégénérescence des ganglions carotidiens soit considérée, en général, comme une contre-indication formelle à l'opération, je crus pouvoir en tenter l'ablation et intervins de nouveau, avec l'assistance de MM. Redier et Augier qui, lá première fois déjà, avaient bien voulu me prêter leur con-cours.

Après anesthésie chloroformique, j'attaquai d'abord la masse ganglionnaire carotidienne, au moyen d'une incision faite le long du bord postérieur du sterno-mastoïdien qui fut ensuite recliné en dedans. Il ne me fut possible de l'enlever en totalité qu'en réséquant, avec elle, environ trois centimètres de la veine jugulaire interne à laquelle elle était trop intimement unie pour pouvoir en être séparée ; deux ligatures à la soie phéni-quée assurèrent l'hémostase. La région sous-maxillaire ayant. été également curée, j'enlevais ensuite, jusqu'au voisinage de l'épiglotte, ce qui restait de la moitié latérale gauche de la langue, y compris le tissu de cicatrice résultant de la première opération. Avec le thermo-cautère divisant les tissus sur la ligne médiane, du côté du plancher et en dehors, je délimitai un nouveau tronçon, à base postérieure, qui fut sectionné à l'écraseur manié avec la même lenteur que précédemment. La section se fit en un quart d'heure, avec la même sécurité et sans plus d'encombre que la première fois ; dans cette circonstance encore, l'opéré put bénéficier du chloroforme jusqu'à la fin de l'opération. Les suites opératoires furent également simples et, en moins d'un mois, la cicatrisation était complète au cou et dans la bouche.

L'opéré ayant systématiquement refusé l'usage de la sonde œsophagienne, l'alimentation fut au début, assez défectueuse et rendit la convalescence plus longue. Il se maintint cependant et, au bout de deux mois, il reprenait son service. Mais, quinze jours s'étaient à peine écoulés, qu'il vit ses forces le trahir et l'abandonner brusquement, il tomba rapidement dans le marasme et s'éteignit quelques semaines plus tard, trois mois et demi à peine après ma seconde intervention. Peu de temps avant la mort, une induration œdémateuse avait de nouveau envahi la région carotidienne ; la cicatrice s'était rouverte, donnant issue à du pus roussâtre dans lequel je retrouvais un jour les deux ligatures appliquées sur la jugulaire. Je citerai, comme dernière particularité rare et qui a dû contribuer puissamment à provoquer l'amaigrissement et l'affaiblissement général, une insomnie tenace et persistante qui s'était déclarée presqu'immédiatement après la première intervention, avait diminué quelque peu pendant les trois mois de répit accordés à l'opéré, pour s'accentuer de plus en plus après la seconde opération et résister aux médications les plus variées. On ne saurait l'attribuer à la douleur, puisque le malade n'a jamais souffert de nulle part après la seconde intervention, ni à l'hypérémie cérébrale passive qui a peut-être pu se manifester passagèrement après la ligature de la veine jugulaire, puisqu'elle existait déjà auparavant. Je n'exagère pas en disant que sur vingt-quatre heures, ce malheureux s'estimait heureux, quand, après des nuits absolument blanches durant lesquelles il se leva jusqu'à sept à huit fois, il parvenait à jouir de deux heures au plus de sommeil dans la matinée.

Les relations du psoriasis et de l'épithélioma lingual sont maintenant bien connues depuis que Debove et Trélat ont appelé l'attention sur ce point et relaté des observations d'épithélioma confirmés, survenus au niveau de plaques de psoriasis. Le fait dont je viens de retracer rapidement l'histoire peut être considéré comme un nouvel exemple de la filiation qui relie ces deux affections l'une à l'autre; je ne crois pas nécessaire d'insister davantage sur ce point de pathogénie.

De tout temps, les pertes de substance faites à la langue, dans un but chirurgical, ont été regardées comme donnant lieu à des opérations dangereuses. L'amputation par l'instrument tranchant, quoique considérée comme la plus prompte, la moins douloureuse, quand l'anesthésie se trouve écartée ou contre-indiquée, et comme celle qui permet le plus sûrement de dépasser les limites du mal, finit par être à peu près délaissée, grâce aux perfectionnements apportés aux méthodes d'exérèse, en vue de soustraire l'opéré aux dangers de l'hémorrhagie.

Je ne puis ni ne veux, dans cette simple note, passer en revue les différentes méthodes qu'inventa le génie chirurgical pour se mettre, autant que possible, à l'abri de ce fâcheux accident. Je tiens seulement à signaler, d'une manière particulière, les progrès accomplis dans cette voie par les deux procédés dont la combinaison m'a paru très avantageuse dans chacune de mes interventions.

On peut avancer, sans crainte d'être contredit, que la méthode de l'écrasement linéaire, préconisée par Chassaignac dès 1850, a trouvé, dans l'amputation de la langue, l'une de ses plus heureuses applications, et chacun de nous sait qu'il est possible de pratiquer la section complète de cet organe dans un espace de temps qui varie de 20 à 45′ minutes, en donnant à l'opération de suffisantes garanties contre l'hémorrhagie.

Envisagé comme agent de diérèse d'une manière générale, le thermo-cautère, convenablement manié, a, sur l'écraseur linéaire, l'avantage de permettre au chirurgien d'opérer la section des tissus plus rapidement, en assurant l'hémostase d'une façon à peu près aussi certaine dans des régions et sur des organes dont la vascularité est importante. Relativement aux opérations pratiquées sur la langue cependant, il paraît se montrer inférieur à l'écraseur et son emploi aurait été suivi d'hémorrhagies, soit immédiates, soit consécutives, plus fréquentes. J'ignore si des études de statistique comparative ont déjà été faites à cet égard ; je n'ai pas eu le temps de me livrer à de longues recherches pour m'en assurer. Mais s'il est permis de rapprocher, par analogie d'action, le mode de section du thermo-cautère de celui du galvano-cautère, il est bon de rappeler que, dans une statistique faite par Otto-Just, sur 21 amputations par l'écraseur, il y eut huit fois hémorrhagie et encore, deux fois, on avait imprimé à l'instrument une marche trop rapide, tandis que sur 4 opérations faites avec l'appareil galvano-caustique, on observa trois hémorrhagies, deux immédiates et une survenue au huitième jour. Bien que ces chiffres ne soient pas suffisants pour porter un jugement définitif, on doit en tenir compte cependant.

Chez le malade précédent et chez un autre, atteint également de cancroïde lingual, que j'opérais il y a un peu plus d'un an, j'eus l'idée, qui n'est pas nouvelle du reste, d'associer ces deux agents d'exérèse, empruntant à l'un sa rapidité d'exécution, à l'autre sa sécurité plus grande. Je dois dire que, chaque fois, cette combinaison m'a paru très avantageuse en abrégeant la durée de l'opération, en simplifiant l'application de la chaîne de l'écraseur, application qui, par les voies naturelles, est loin d'être toujours facile, en raison de la gêne que le chirurgien éprouve à agir dans la cavité buccale ; cette combinaison permet en outre, à l'opérateur, d'administrer le chloroforme dès le début, d'en faire bénéficier le patient jusqu'à la fin de l'opération et de pouvoir procéder enfin, à la section des tissus, avec la lenteur nécessaire pour se mettre à l'abri de l'hémorrhagie. Ce sont là des conditions avantageuses réelles, signalées depuis longtemps déjà, mais qu'il n'est pas superflu de rappeler ; on se pénètre facilement, du reste, de leur importance quand on a assisté, soit comme acteur principal, soit comme simple spectateur, à l'apparition de ces hémorrhagies foudroyantes qui viennent parfois compromettre rapidement le résultat d'une opération ou la vie du malade. Je crois devoir rappeler également, en passant, que l'emploi de l'écarteur de Larrey contribue puissamment à faciliter les manœuvres intra-buccales, en raison de son petit volume et de la facilité avec laquelle on peut, grâce à lui, donner à l'écartement des mâchoires le degré désirable.

La malignité du cancer de la langue est telle que certains chirurgiens n'ont pas hésité à poser en principe, qu'il ne faut jamais y toucher, parce que l'opération est inutile, que la récidive est la règle et que l'intervention a parfois pour résultat d'activer la marche de l'affection.

Si des faits, nombreux assurément, sont là pour attester la légitimité de semblables craintes et plaider en faveur de l'abstention, on ne peut nier cependant que, dans les cas de cancers limités et accessibles, l'opération n'ait été suivie de guérisons avérées, ayant persisté pendant quatre, cinq et même dix ans ; et que parfois, d'autre part, la récidive se fait attendre pendant plusieurs années, après avoir permis au malheureux cancéreux de reprendre des forces et de renaître à l'espoir. Ceci m'amène à me demander si ma double intervention a été utile à mon opéré et si les dangers, inhérents à l'opération et à ses suites, ont été compensés en partie par le résultat obtenu.

Au point de vue de la survie, je crois que le bénéfice de l'intervention chirurgicale a été nul ; l'opéré, en effet, est mort un an après le début de son affection et un peu plus de trois mois après la seconde opération. Il en a été à peu près de même pour celui dont je vous ai parlé incidemment et qui mourut au bout de neuf mois, sans récidive du côté de la langue,

mais atteint, quatre mois après l'opération, d'une double dégénérescence des ganglions carotidiens ; trop avancée, quand je
le revis, pour me permettre de proposer une deuxième intervention. Or, il ressort d'une statistique faite par B. Anger et
portant sur cent-soixante cas ; que l'opération donne en
moyenne une survie de huit mois ; ces deux cas ne sauraient
donc être mis au nombre des faits encourageants.

Mais si, à cet égard, le bénéfice a été nul, il faut reconnaître
cependant qu'en supprimant la lésion, l'opération a débarrassé
le patient de sa douleur, et vous savez, Messieurs, combien la
douleur est pénible et quel caractère d'acuité et de continuité
elle acquiert, en général, dans le cancer de la langue. En supprimant l'ulcère, elle a tari une source continuelle de secrétions
qui, par leur nature, ne tardent pas à déterminer des troubles
profonds de la nutrition. N'eût-elle eu enfin pour résultat que
d'accorder à l'opéré un répit de quelques mois, en lui laissant
entrevoir la possibilité de la guérison et en permettant à l'espoir
de faire place au profond chagrin qui mine, en général, les
malheureux qui sont en proie à ce terrible mal ; ce serait là
des titres suffisants pour légitimer l'intervention en pareil cas.
On ne saurait oublier, en effet, que l'opération est l'unique
chance, sinon d'obtenir une guérison radicale, du moins de
procurer un soulagement et un arrêt plus ou moins long dans
la marche du néoplasme ; n'est-ce pas, du reste, ainsi que le
disait Labbé à la Société de chirurgie, il y a quelques années,
dans une discussion sur le traitement de l'epithelioma lingual,
faire acte chirurgical louable et digne d'encouragement, que
de tenter l'opération dans les cas où on a l'espoir d'enlever tout
le mal ?

Au point de vue anatomo-pathologique, je laisse à notre
collègue, M. Augier, le soin de vous entretenir des particu-
larités qu'il a relevées par l'examen microscopique.

Examen histologique. — L'examen histologique des pièces
a donné les résultats suivants : les fragments de la tumeur
linguale présentent les caractères de l'epithelioma ordinaire,

avec globes épidermiques nombreux ; les ganglions lympha-
tiques précarotidiens et autres, sont entièrement envahis par
la néoplasie épithéliale, et il suffit d'agiter dans une goutte
d'eau distillée un petit fragment de ces ganglions, pour obtenir
un très grand nombre de cellules épithéliales polyédriques ou
lamellaires, ainsi que les globes épidermiques.

En pratiquant une série de coupes sur le fragment de la
paroi de la veine jugulaire auquel adhérait le ganglion qui a
nécessité la résection d'une partie de cette veine, on trouve les
lésions suivantes : d'abord le ganglion s'est intimement fusionné
avec la paroi externe de la veine, et l'adhérence est telle qu'il
est difficile de retrouver les limites des organes : çà et là, sur
la partie la plus externe de la tunique conjonctive de la jugulaire, il y a des amas épithéliaux de cellules polyédriques à
noyaux volumineux, au centre desquels on trouve des globes
épidermiques très nets. La tunique moyenne de la veine ne
présente qu'un très petit nombre d'amas épithéliaux, et on
y rencontre surtout des masses de cellules embryonnaires sans
caractère épithélial net ; ces éléments sont surtout nombreux
au voisinage de la coupe des vasa-vasorum ; l'épaississement de
la paroi veineuse, dans son ensemble, est dû surtout à ces
cellules embryonnaires, et leur présence en ce point n'est, sans
nul doute, attribuable qu'à l'irritation de voisinage déterminée
par les bourgeons épithéliaux envahissant de dehors en dedans.

Enfin, fait important à signaler, sur quelques-unes des
coupes examinées, on constate la présence de traînées ou
bourgeons de cellules épithéliales, jusque au voisinage de la
surface interne de la veine et affleurant presque cette surface ;
quoique peu nombreuses, ces traînées épithéliales, cette infil-
tration profonde justifient, et au-delà, l'intervention opératoire
qui a décidé notre collègue à réséquer la veine jugulaire : il
est absolument certain que dans les cas analogues, l'hésitation
n'est pas possible si on veut, dans une certaine mesure, se
mettre à l'abri de la récidive et de la généralisation très rapide
du néoplasme.